내 **몸**을 살리는
천연건강식품
벌꿀·화분·로열젤리

꿀벌이 만드는 천연건강식품 벌꿀, 화분, 로열젤리로 내 몸을 살리자

내 몸을 살리는 천연건강식품
벌꿀·화분·로열젤리

프로폴리스 라이프 지음

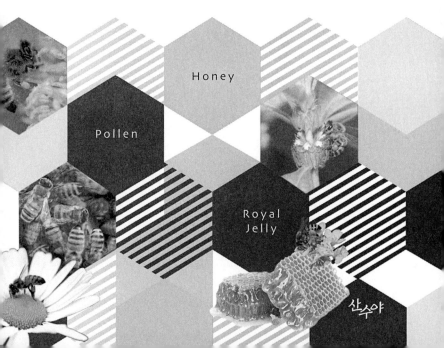

Honey

Pollen

Royal Jelly

산수야

내 몸을 살리는 천연건강식품
벌꿀 · 화분 · 로열젤리

초판 인쇄 2014년 5월 1일
초판 발행 2014년 5월 5일

지은이   프로폴리스 라이프
발행인   권윤삼
발행처   도서출판 산수야

등록번호   제1-1515호
주소   121-826
          서울시 마포구 월드컵로 165-4 (망원동 472-19)
전화   02-332-9655
팩스   02-335-0674

ISBN 978-89-8097-286-9   00590

값은 뒤표지에 있습니다. 잘못된 책은 바꾸어드립니다.

이 도서의 국립중앙도서관 출판시도서목록(CIP)은
서지정보유통지원시스템 홈페이지(http://seoji.nl.go.kr)와
국가자료공동목록시스템(http://www.nl.go.kr/kolisnet)에서 이용하실 수 있습니다.
(CIP제어번호: CIP2014009134)

머리말

꿀벌이 만드는 천연건강식품
벌꿀, 화분, 로열젤리로 내 몸을 살리자

인류가 발견한 식품 중에서 아직까지 꿀벌이 만드는 것을 능가하는 자연식품은 없다고 알려져 있다. 꿀벌은 벌꿀과 화분과 로열젤리를 천연의 상태로 생산한다.

벌꿀(honey)은 꿀벌이 꿀주머니에 수집하여 온 꽃꿀을 벌집에 옮겨 수분을 증발 농축시키고 효소와 산을 첨가한 후, 밀랍으로 밀개하여 저장한 것을 말한다.

고대 그리스의 문헌에도 기록된 벌꿀은 인류 최초의 천연 감미료이자 식품이며, 의약품으로도 활용되었다.

따라서 고대 그리스에서도 벌꿀은 신성한 식품으로 인정받은 자연의 선물이기도 하다.

우리가 흔히 꿀 혹은 벌꿀이라 부르는 것은 바로 꿀벌의 식량이다. 벌들이 생존하기 위해 먹는 식량인 벌꿀은 인위적인 재가공이 필요 없는 완전식품으로 우리의 인체에 바로 흡수되기 때문에 열량을 내는 에너지원이 되는 훌륭한 영양제라 할 수 있다.

"벌꿀이란 꿀벌이 여러 식물의 꿀샘에서 수집한 향기로운 점조성의 단 물질을 말한다. 벌꿀은 다시 꿀벌에 의하여 그들의 식량으로 전화(轉化)되고 벌통 내에 저장된 것으로서, 산성반응을 나타내며 2개의 단당류의 포도당(dextrose)과 과당(levulose)으로 구성되고, 때로는 더 복잡한 탄수화물, 무기물, 식물성 색소, 효소 및 꽃가루를 함유하고 있는 물질"이라고 필립(Phillips, 1930)은 정의했다.

화분이란 벌들이 꽃에서 꽃꿀을 수집하면서 수술의 꽃가루 주머니에 있는 미세한 입자들을 꿀과 타액(침)을 섞어 큰 입자를 만들어 모아들인 것으로, 벌들의 생장에 필수적으로 필요한 영양을 함유하고 있다.

꿀벌이 만드는 화분은 그리스 의사 히포크라테스도

의학적 치료에 이용했다고 기록될 만큼 유럽이나 미국에서 오래전부터 건강식품으로 애용되고 있는 천연식품이다. 화분, 즉 폴렌은 꿀벌의 먹이로서 영양가가 높아서 유럽에서는 완전식품으로 불리는데 화분의 작은 입자 속에 모든 영양소가 골고루 들어 있기 때문이다. 일상생활에서 흔히 쓰는 스테미너(stamina)라는 말은 라틴어로 꽃가루(화분)를 의미하는 스타맨(stamen)에서 유래된 말이다.

꿀벌은 화분으로 생명을 유지하고 있으며, 꿀과 로열젤리도 화분으로 생성된다. 벌이 만드는 화분(꽃가루, 폴렌)은 한때 대중들에게 인기가 많았지만 간편한 합성 비타민제 열풍으로 열기가 시들해졌다. 하지만 지금은 미국 영국 등 선진국에서 합성비타민을 멀리하고 천연제품을 애용하는 열풍이 거세며, 우리나라도 그 영향을 받고 있다. 따라서 천연 성분이 함유된 비타민제를 많이 찾고 있는데 바로 화분이 벌이 만드는 천연 농산물로 각광받고 있다.

로열젤리는 영어로 'Royal Jelly'로 표현하며 '왕에게 바치는 음식'이란 뜻이다. 독일어로는 'Koiginmen-futtersaff'로 '여왕의 숲'이라고 일컫는다. 로열젤리는 여왕벌이 먹는 음식인데, 벌꿀과는 전혀 다른 것이다. 꿀과 화분을 생후 10일된 일벌들이 소화흡수한 뒤 인두부(咽頭部 : 머릿속)를 경유해서 만든 것이 바로 로열젤리이며 여왕벌의 먹이가 된다.

우리가 벌과 관련하여 상식적으로 알아두어야 할 한 가지는 여왕벌은 태어나지 않고 만들어진다는 점이다. 바로 로열젤리의 섭취가 여왕벌의 탄생 과정에 관한 주요한 해답이 된다. 로열젤리라는 특별음식이 아니면 여왕벌로 성장할 수 없는 것이다.

이처럼 꿀벌이 만들어 내는 천연건강식품인 벌꿀과 화분과 로열젤리는 바로 여러 가지 공해에 찌든 내 몸을 살리는 믿을 수 있는 제품임에 틀림없다. 따라서 이 제품들을 하나하나 탐구하여 내 몸에 꼭 필요한 요소들은 무엇인지 직접 확인하고 제대로 먹도록 하자. 그리하여 건강한 몸을 유지하고, 무엇보다 활기찬 인생을 유지하여 행복한 삶을 추구하도록 하자.

차례

 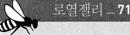

honey

벌꿀*
honey

신들의 식량
벌꿀

벌꿀이란 고대 그리스의 문헌에도 기록된 인류 최초의 천연 감미료이자 식품이며, 의약품으로도 활용되었다. 따라서 고대 그리스에서도 신성한 식품으로 인정받아 온 자연의 선물이기도 하다. 우리가 흔히 꿀, 벌꿀이라 부르는 것은 꿀벌의 식량이다.

꿀은 벌이 꽃의 꿀샘에서 화밀(花蜜)을 채집하여 먹이로 저장하는 것인데 최초 꽃에서 채집할 당시에는 주로 설탕 성분이지만 벌의 소화효소와 혼합되면서 성분이 변화한다. 벌꿀은 인위적인 재가공이 필요 없는 완전식품으로 인체에 바로 흡수되어 에너지원이 되는 훌륭한 영양제이다.

기록을 살펴보면 이미 고대 그리스에서부터 신들의 식량이라 불리며 귀하게 여겨온 벌꿀은 이집트에서는 미이라 보존을 위한 방부제로도 사용되어 왔으며, 우리나라의 경우는 삼국사기에 그 기록을 살펴볼 수 있을 정도로 인류의 역사와 함께 해왔다.

벌꿀은 인위적인 가공이 필요치 않은 완전식품으로 그대로 섭취가 가능하기 때문에 자연이 주는 귀한 선물로 인식되어 왔다. 특히 우리나라는 이미 백제시대부터 양봉기술을 일본에 전파할 정도로 양봉이 발전된 곳이어서 그 쓰임도 식품에서부터 약용에 이르기까지 널리 활용되어 왔다.

양봉이란 무엇인가?

벌꿀과 밀랍(蜜蠟)을 비롯하여 꽃가루[花粉]·프로폴리스[蜂膠] 및 로열젤리(王乳) 등을 얻기 위하여 꿀벌을 치는 일을 양봉이라 한다.

우리나라 양봉의 역사

우리나라 양봉의 기원은 기록상으로는 고구려 동명성왕 때 재래종벌인 동양종꿀벌(Apis cerana)이 원산지 인도로부터 중국을 거쳐 들어온 것으로 되어 있다. 그러나 실제로는 이보다 훨씬 이전일 것으로 추정하고 있다.

문헌으로 알 수 있는 가장 괄목할 만한 기록은 삼국시대에 우리나라 양봉 기술이 꿀벌과 함께 일본에 전해졌다는 사실이다. 즉, 643년(의자왕 3)에 백제의 여풍이 꿀벌 4통을 가지고 일본으로 건너가 양봉 기술을 일본에 전해준 것이다. 그 뒤 발해와 일본과의 교역에서 꿀을 주요 수출품으로 기록한 것은 우리나라 양봉이 계속 발전하였음을 시사하고 있다.

고려시대에는 꿀의 용도가 다양화되어 유밀과(油蜜果, 밀가루나 쌀가루 반죽을 적당한 모양으로 빚어 바싹 말린 후에 기름에 튀기어 꿀이나 조청을 바르고 튀밥, 깨 따위를 입힌 과자)를 만들어 먹을 정도였다. 이 시대에는 사봉(寺蜂)이라 하여 절에서 양봉을 하였다는 기록도 있다.

고려왕조가 태평성대를 누릴 즈음에는 꿀의 소비량이 많아졌으나 공급량이 모자라서 왕실 주방용도 충당하기 어렵게 되자, 꿀의 소비를 억제하기 위하여 1192년(명종 22)에는 궁중 외에는 대소반가(大小班家)와 사찰까지 유밀과를 사용하지 못하도록 금령(禁令)을 내렸다.

이와 같은 조처는 조선시대에도 꿀이 모자랄 때마다 계속되었다. 조선왕조에는 꿀이 진상품(進上品)의 하나가 되어 강원도관찰사의 진상품 가운데 인제(麟蹄) 꿀은 중요한 몫을 차지하였다.

또한 조선시대에는 각종 문헌에 양봉에 관한 기록이 자주 나타나고 있다. 1433년(세종 15)에 편찬된『향약집성방』과 선조 때 편찬된『동의보감』에는 벌꿀과 밀랍뿐만 아니라 꿀벌의 애벌레(蜂子)까지도 영약(靈藥)으로 등장하고 있어 양봉업이 발달했음을 문헌을 통해 알 수 있다. 이후 조선 고종대에 이르러 독일인 신부에 의해 서양종 꿀벌이 유입되어 서양종 꿀벌에 의한 양봉이 이루어지기 시작하였다.

동의보감을 살펴보면 "벌꿀은 오장육부를 편하게 하고 기운이 나게 하며 비위를 보하고 독을 풀어 주며 눈과 귀를 밝게 한다."고 기록되어 있다.

벌꿀의 주요 성분

벌꿀은 80% 가량이 탄수화물인데 과당이 38%, 포도당이 31%, 자당이 1% 그 외 수분이 17%, 기타 당분이 9% 정도 차지한다. 이외에도 단백질과 비타민 B군, 토텐산, 개미산, 사과산, 효소 등을 두루 포함하고 있다. 벌꿀을 구성하고 있는 성분들은 복잡함에도 불구하고 비교적 잘 알려져 있다.

벌꿀의 주요 성분과 함량

성분	함량
수분	16~20%의 수분
탄수화물	포도당 31%, 과당 38%, 자당 1~5%, 맥아당 7%, 다당류 1~2%
단백질	로이신, 히스티닌, 알라닌 등 12가지 아미노산
유기산	초산, 낙산, 구연산, 포도산, 유산, 인산, 등
미네랄	칼슘, 염화물, 구리, 철, 마그네슘, 망간, 인, 칼륨, 나트륨, 등
비타민	비타민 B1, 비타민 B2, 비타민 B3, 나이아신, 비타민 H...
효소	인버타제, 아밀라제, 디아스타제

벌꿀의 좋은 점

1) 피로를 물리쳐 활기찬 하루를 만든다.

– 벌꿀은 체내 흡수가 빠르고 생리활동을 원활하게 하는 건강식품이다.

벌꿀에 들어 있는 풍부한 당분은 체내에서 바로 흡수되고 빠르게 에너지원으로 활용되기 때문에 피로회복과 숙취해소에 좋은 영양 식품이다. 특히 풍부한 비타민과 미네랄 성분이 재 분해될 필요 없이 바로 흡수되므로 평소 위가 약한 사람도 쉽게 효과를 볼 수 있다.

2) 위와 장을 편안하게 한다.

– 벌꿀은 위와 장의 운동을 활발하게 도와 위와 장이 약한 사람에게 도움을 준다.

별도의 분해가 필요 없는 단당체인 벌꿀은 위에 부담이 없고 장의 연동운동을 도와 변비에도 효과적이다. 장내 유익균인 비피더스균을 증식시켜 장 건강에도 도움을 주기 때문에 평소 장이 약하거나 배변활동이 원활치 못한 사람에게 좋은 식품이라 할 수 있다.

3) 고혈압과 혈관질환에 벌꿀이 좋다.

– 벌꿀은 혈관 속의 노폐물을 제거하고 혈액순환에
  도움을 준다.

혈관 문제는 대개 혈관 속 노폐물과 콜레스테롤의 적
체로 만들어진다. 벌꿀의 칼륨 성분은 체내의 콜레스테
롤과 혈관 노폐물을 제거하는 데 탁월해 혈액순환에 도
움을 주고 혈액을 알칼리로 유지해 주기 때문에 고혈압
예방과 혈관관리에 좋은 식품이다.

4) 항균력이 뛰어나 건강에 도움을 준다.

– 벌꿀은 체내 면역력을 길러주어 세균 번식을 억제
  하고 건강한 신체관리를 도와준다.

벌꿀은 살균력이 뛰어나다. 따라서 체내 바이러스와
균에 대한 저항력을 높여주고 질병에 강한 체질로 만들
어 주는 식품이다. 이질이나 장티푸스균도 벌꿀 안에서
는 증식하지 못하고 사멸한다고 알려져 있으니 이것만
으로도 벌꿀의 항균력을 짐작해 볼 수 있다.

5) 기관지, 기침, 가래에도 좋다.

– 예부터 벌꿀은 기관지와 감기 등에 민간 약재로 많

이 활용되어 왔다.

항균력과 면역력이 뛰어난 벌꿀은 기관지 염증이나 편도선염 등 약용에도 두루 사용해 왔는데 특히 도라지 뿌리 가루와 함께 재워서 감기약으로 처방하는 민간요법으로 활용되어 왔다.

6) 피부비용과 노화 예방에 좋다.

– 비타민과 미네랄이 피부 노화를 억제하고 건강을 유지시켜 준다.

비타민과 무기질, 미네랄이 풍부한 벌꿀은 피부 건강에 도움을 주며, 세포 노화를 억제해 건강한 젊음을 유지시켜 주는 영양 식품으로 알려져 있다.

밀원에 의한 벌꿀의 종류

꿀벌이 꽃꿀을 수밀하기 위하여 찾아다니는 밀원의 종류는 수백 가지가 넘지만, 벌꿀을 생산하는 중요한 밀원의 종류는 그다지 많지 않다. 밀원에 따라 벌꿀 중의 당, 산, 질소, 무기물 함량이 다르기 때문에 벌꿀은 생산의 근원이 되는 밀원에 따라 맛, 색, 향기가 다르고 성분도 약간 차이가 있다.

이와 같이 밀원의 종류에 따라 생산되는 벌꿀이 구별되므로, 밀원의 이름을 따서 꿀 이름으로 부르는 것이 보통이다. 예를 들면 아카시아 나무에서 채밀한 꿀이면 '아카시아꿀', 유채에서 채밀한 꿀이라면 '유채꿀'이라 부른다. 또한 여러 가지 꽃꿀이 포함되어 있을 때는 '잡화꿀'이라고 한다.

이렇듯 밀원의 종류에 따라 꿀의 맛, 색, 향기가 각각 다르므로 이런 요인들이 결합되어 벌꿀에 대한 기호성과 상품의 등급 차이가 생긴다. 따라서 밀원에 따라 제품 가격도 차이가 있는 게 보통이다.

일반적으로 아카시아 꿀은 '수백색(水白色)'에 가까우며, 유채, 자운영, 클로버 꿀은 '담황색'이고, 밤꿀이나 메밀꿀은 '암갈색'이다. 그러나 밤꿀이나 메밀꿀을 제외한 이들 벌꿀은 결정화(結晶化)되면 백색으로 변하기 때문에, 색에 의한 벌꿀 구별은 절대적일 수 없다.

또한 같은 종의 밀원으로부터 채밀한 꿀이라도 생산지, 생산년도, 기후조건에 따라 색과 향기가 약간씩 다르다. 벌꿀의 맛과 색은 소비자의 기호성에 따라 차이가 있으나, 일반적으로 색이 연하고 향기가 부드러운 것이 상품가치가 높다. 수백색 또는 담황색인 아카시아, 클로버, 피나무 등의 꿀이 상등품으로 인정되고 있다.

생산방법으로는 분리밀과 소밀이 있는데 일반 벌꿀은 분리밀에 해당한다.

꿀의 색깔에 의한 분류

- 수백색 꿀 : 아카시아꿀
- 담황색 꿀 : 유채꿀, 피나무꿀, 진달래꿀, 사과꿀, 자운영꿀, 클로버꿀
- 황금색 꿀 : 사리꿀, 감꿀, 밀감꿀
- 갈색 꿀 : 메밀꿀
- 흑갈색 꿀 : 밤꿀

꿀의 향기에 의한 분류

- 향기가 부드러운 꿀 : 아카시아꿀, 싸리꿀, 감꿀, 산딸기꿀, 자운영꿀
- 향기가 강하고 독특한 꿀 : 밀감꿀, 피나무꿀, 산추꿀
- 짙은 향기가 나는 꿀 : 메밀꿀, 밤꿀

꿀의 맛에 의한 분류

- 맛이 좋은 꿀 : 아카시아꿀, 싸리꿀, 사과꿀, 산딸기꿀, 클로버꿀, 자운영꿀
- 맛이 약간 탁한 꿀 : 메밀꿀
- 맛이 쓴 꿀 : 밤꿀

벌꿀의 종류와 색상, 맛과 향, 특징, 개화지역

종류	색상	맛과 향	특징	개화지역, 시기
유채꿀	유백색	감미롭고, 풀냄새	생산 후 10일부터 결정됨	제주도, 4월
아카시아꿀	백황색	감미롭고, 아카시아향	결정되지 않으나 미량 결정되기도 함	국내 전지역, 5월
밤꿀	흙갈색	쓴맛과 독특한 향이 있음	결정됨	국내 전지역, 6월
잡화꿀	황갈색	감미롭고, 향이 있음	17℃ 이하에서 잘 결정됨	국내 전지역, 6~9월
싸리꿀	백황색	감미롭고, 독특한 맛이 있음	17℃ 이하에서 잘 결정됨	개화지역 축소 됨, 8월 중순

벌꿀의 향기와 맛

벌꿀의 향기는 색과 함께 꿀의 품질을 평가하는 데 있어 중요한 요인이 된다. 향기는 또한 꿀의 맛(flavor)에 영향을 주기 때문에 이들은 상품의 생산 및 선택에 중요한 조건이 되고 있다. 벌꿀을 생산하거나 가공할 때 맛에 영향을 미치는 요인을 고려하지 않는 경우가 많으나, 향긋한 향기와 맛은 즐거움을 준다.

꿀의 향기는 밀원이 종류가 다양한 것만큼이나 다양하고, 생산지역에 따라 다르다. 사람들은 각자 사는 지방에서 생산된 꿀을 좋아하는데 그것은 그 지방에서 생산된 꿀의 맛과 향기에 익숙해져 있어서 식성과 잘 맞기 때문이다.

벌꿀의 향기와 맛은 가열하거나 저장을 잘못하는 경우에는 변화되기 쉽다. 가열은 휘발성이 강한 향기의 손실뿐만 아니라 꿀의 맛을 변화시킬 수도 있다. 벌꿀 중의 당분, 산, 단백질 등이 열의 영향을 받아 맛이 나빠지기도 한다. 꿀은 가열하지 않는 것이 최고의 품질보존을 위해 바람직하다.

그러나 꿀을 가열할 때 온도와 시간에 유의한다면, 적

당한 가열은 꿀의 결정을 지연시킬 수 있으며, 맛은 변화시키지 않고 꿀의 발효 방지에 도움이 된다. 또한 가열하지 아니한 꿀도 저장 중에 향기가 손실되기도 하는데 벌꿀에 향기를 내는 물질은 50개 이상인 것으로 연구결과 밝혀졌다.

벌꿀의 이화학적 성상

벌꿀은 벌꿀의 종류에 따라 화학적 조성이나 물리적 성질에 차이가 있으며 성상에 따라 벌꿀의 품질에 좋고 나쁜 것이 있다. 품질은 밀원식물의 종류와 벌꿀의 생산지, 양봉산물의 생산관리방법, 저장조건에 따라 차이가 있다.

화학적 성상

벌꿀은 꽃에서 생성하는 화밀을 꿀벌이 수집하여 벌집에 저장한 것이다. 화밀은 자당이 주성분이지만 벌꿀은 과당과 포도당이 주성분인데 그것은 꿀벌이 지닌 전화효소에 의하여 단당류로 변한 것이다.

벌꿀은 당류 이외 수분, 단백질, 비타민, 미네랄 등 여러 가지 영양 성분을 지니고 있다.

ㄷ일보의 기사에 따르면 유통기한이 3년 지난 벌꿀을 검사해 봤더니 결론은 세균이 없는 것으로 나왔다. 다음은 매스컴에 발표된 내용이다.

하늘이 내린 이슬 '꿀'
3년이 지나도 꿀은 상하지 않는다

러시아의 위대한 대문호인 톨스토이는 '참회록'에서 벌꿀을 통해 가련한 인간사를 들려준다. 나뭇가지에 걸려 있어 언제 우물 속으로 떨어져 죽을지 모르는 나그네가 죽음의 공포에 떨다가도 머리 위에서 떨어지는 꿀맛을 보고선 행복해 한다는 이야기다.

고대 로마인들은 어떠한가? 그들은 꿀을 하늘에서 내려준 이슬로 신성시할 만큼 귀하게 여겼다. 약으로도 사용되고, 고대엔 미라 제작을 위한 방부제로도 쓰였던 귀한 음식. 꿀은 이제 양봉이란 대량 생산 체제를 통해 언제나 쉽게 구할 수 있는 식품이 됐다. 대중식품이 된 벌꿀과 관련한 몇 가지 궁금증을 '식품 호기심 천국'에서 풀어본다.

꿀이 왜 좋을까? 벌꿀은 벌이 꽃에서 채집한 달콤

한 물질(nectar)을 꿀벌이 갖고 있는 자체 효소로 분해한, 포도당과 과당의 혼합물이다. 설탕도 꿀처럼 포도당과 과당으로 구성돼 있다. 그런데 왜 꿀이 설탕보다 좋다는 걸까. 우선 꿀이 설탕보다 열량이 낮다는 점을 들 수 있다. 또 벌꿀은 체내에서 더는 분해할 필요가 없는 단당체로 되어 있어 체내 흡수가 빠르며, 곧바로 에너지원으로 활용될 수 있다. 설탕은 포도당과 과당이 화학적 결합을 하고 있는 이당류로 되어 있어 별도의 분해 과정이 필요하다. 이러한 이점 외에도 꿀에는 각종 비타민, 무기질, 단백질이 많이 함유돼 있어 피로해소 등에 좋다. 벌꿀도 오래두면 상할까?

결론부터 이야기하면 '노(No)!'다. 한번은 필자가 근무하는 연구소에서 유통기한이 3년 이상 지난 꿀을 검사해 본 적이 있다. 밀봉된 상품이 아니고 한 번 개봉된 제품을 상온에 3년 이상 보관한 것이었다. 우선 향미를 봤더니 꿀 자체의 향기가 좀 강해졌을 뿐 불쾌한 냄새는 나지 않았다. 미생물 검사 결과는 더 놀라웠다. 단 한 마리의 세균도 검출되지 않았다. 세균도 곰팡이도 없다니 놀랍지 않은가. 사실 이

유는 간단했다. 벌꿀은 약 20%의 수분을 제외한 나머지 성분이 포도당, 과당, 자당 등 당 성분으로 이뤄져 있다. 당 함량이 높으면 미생물이 생육하기 어려운 환경이 된다. 설탕이나 소금으로 식품을 절이면 미생물이 이용할 수 있는 수분의 활성이 매우 낮아져 세균이 자랄 수 없다. 갈치에 굵은 소금을 뿌려 보관하면 쉽게 상하지 않는 이유도 이 때문이다. 또 우리가 구입하는 벌꿀은 대부분 액상 형태인데 이는 자연 그대로의 꿀이 아니다. 채집한 꿀을 여과 등의 과정을 거쳐 소위 정제한 꿀이다. 벌꿀을 60도 이상으로 가열하면 당 농도가 높은 식품에 생겨 품질을 떨어뜨리는 당내성 효모(sugar tolerant yeast)가 죽게 돼 발효가 일어나지 않는다.

꿀은 왜 하얀 결정이 생길까? 꿀을 장기 보관하면 하얀 결정이 생길 때가 있다. 왜 그럴까. 처음 딴 꿀은 액체상태지만 시간이 지나면 설탕 입자 같은 흰색 결정이 생성된다. 이 결정체는 벌꿀의 성분 중 과당보다 포도당이 많을 때, 포도당이 벌꿀 용액 바깥으로 빠져나와 생성되는 것이다. 이런 결정체가 생성되는 것은 포도당과 과당의 비율뿐 아니라 밀원의 종류, 꿀의 저장온도 등과도 깊은 관계가 있다. 사실 하얀 결정체는 벌꿀의 품질 이상과는 전혀 관계가 없다. 뭉게구름 같은 흰색 결정이 있어도 설탕이 섞인 게 아닌가, 또는 변질된 게 아닌가 등의 걱정을 할 필요가 전혀 없다는 얘기다. 결정체 생성은 꿀을 12~14도로 저온 보관할 때 일어난다. 과당보다 포도당 함량이 비교적 높은 유채꿀, 싸리꿀, 잡화꿀 등은 저온상태에서 결정이 잘 생긴다. 과당 함량이 포도당보다 높은 아카시아꿀, 밤꿀, 대추꿀에서는 결정이 잘 형성되지 않는다.

꿀은 모든 사람에게 다 좋은가? 꿀은 식품 영양적 기능 외에 피부미용에도 좋다. 마누카꿀은 항균작용을 하기 때문에 항바이러스 용도나 상처치료 목적으로 사용되기도 한다.

그렇다면 벌꿀이 과연 모든 사람에게 다 좋을까. 혹시 주의할 점은 없을까.

우선 꿀은 포도당과 과당 등 당류가 약 80%나 되는 고당식품이라는 점을 기억해야 한다. 따라서 당류 섭취를 조심해야 할 당뇨병 환자나 비만한 사람은 적게 섭취하는 게 좋다.

그리고 시중에 유통되는 액상의 벌꿀 제품들은 대부분 65도에서 30분 이상 살균 처리한 것이라 문제가 없겠지만, 천연벌꿀이나 수입산 벌꿀 가운데 살균 처리하지 않은 꿀에는 유해 미생물이 있을 가능성이 있다. 따라서 살균되지 않은 벌꿀 속에 소량의 세균이라도 존재한다면 특히 유아에겐 위험하다. 유아의 위장에서는 강한 위산이 분비되지 않아 유해세균이 잘 죽지 않기 때문이다. 따라서 생후 1년 미만의 유아에게는 이런 종류의 꿀을 섭취하지 않도록 하는 게 중요하다.

벌꿀의 성분 함량과 효소

1) 벌꿀의 당분 함량

벌꿀의 주성분은 포도당과 과당이며 약간의 자당을 함유하고 있다. 벌꿀의 당분 함량은 밀원의 조율, 벌꿀의 생산방법, 벌꿀의 성숙도, 벌꿀의 생산지에 따라 차이가 있다. 그러므로 벌꿀의 당분 함량은 한국산 벌꿀, 미국산 벌꿀 또는 일본산 벌꿀에 따라 차이가 난다.

2) 벌꿀의 종류에 따른 당분 함량

벌꿀의 종류	포도당	과당	자당	기타당	총당
아카시아꿀	30.30	41.50	2.20	1.10	75.10
밤꿀	32.30	40.50	1.20	2.80	76.80
싸리꿀	36.40	35.00	3.40	0.94	75.74
유채꿀	39.70	35.20	2.00	0.82	77.72
감귤꿀	36.77	37.54	3.29	0.78	78.38

3) 벌꿀의 수분 함량

벌꿀의 수분 함량은 벌꿀의 숙성정도에 따라 차이가 있다. 미숙한 벌꿀의 경우 수분 함량이 높고 숙성된 벌꿀의 수분 함량은 낮다. 따라서 단상에서 채밀한 벌꿀과 계상에서 채밀한 벌꿀 사이에는 수분 함량에 큰 차이가 있다. 성숙한 벌꿀의 수분 함량은 21% 이하여야 한다.

4) 벌꿀의 단백질과 아미노산 함량

벌꿀의 조단백질 함양은 밀원의 종류, 벌꿀의 산지, 벌꿀의 생산방법, 벌꿀의 성숙도 등의 영향을 받는데 평균 함량은 0.3%이고 질소 함량은 0.1~0.04% 범위다. 벌꿀은 17종의 아미노산을 함유하는데 화분이 지닌 아미노산 함량에 비하면 훨씬 낮으나 특히 프롤린 함량은 오히려 벌꿀에서 높다.

5) 벌꿀과 화분의 아미노산 함량 비교(일본 발표)

아미노산 종류	아미노산 함량	
	벌꿀	화분하
라이신(lysine)	4.25	8.94
히스티딘(histidine)	1.47	3.11
아르기닌(arginine)	0.73	1.50
아스파라긴산(aspartic acid)	2.96	2.06
트레오닌(threonine)	0.72	2.32
세린(serine)	2.06	5.17
글루타민산(glutamic acid)	3.34	6.15
프롤린(proline)	51.06	0.97
글리신(glycime)	0.28	1.95
알라닌(alanine)	0.80	2.99
발린(valine)	0.97	1.35
메티오닌(methionine)	미량	1.13
아이소루신(isoleucine)	0.47	1.23
류신(leucine)	0.45	1.68
타이로신(tyrosine)	0.60	미량
페닐알라닌(phenylalanine)	0.96	2.30

6) 벌꿀의 비타민 함량

비타민 종류	비타민 함량(벌꿀 100g 중)
비타민 B1(vitamine B1)	5.5γ
비타민 B2(vitamine B2)	61γ
비타민 B6(vitamine B6)	299γ
비타민 C(vitamine C)	2.4γ
엽산(folic acid)	25γ
니코틴산(nicotine acid)	3γ
판토텐산(pantothenic acid)	0.1γ
비타민 K(vitamine K)	115γ
바이오틴(biotin)	0.066γ
콜린(choline)	1.5㎎

7) 벌꿀에 함유된 미네랄의 종류와 함량

미네랄 종류	미네랄 함량(㎎/1㎏)
칼슘(Ca)	42.0
철(Fe)	2.4
동(Cu)	0.29
망간(Mn)	0.30
인(P)	35.0
황(S)	58.0
칼륨(K)	205.0

계속 ➡

미네랄 종류	미네랄 함량(mg/1kg)
염소(Cl)	52.0
나트륨(Na)	76.0
규소(Si)	8.9
마그네슘(Mg)	1.9
규산(silicic acid)	22

8) 벌꿀의 방향성 물질

벌꿀에서 확인된 방향성 물질은 테르펜류(terpenes), 알데히드류(aldehydes), 안트라닐산메틸(methyl anthranilate) 등의 필수지방산과 그밖에 고급 알콜류, 만니톨(manitol), 덜시톨(dulcitol) 등이 있는데 극히 미량이 함유되어 있다.

9) 벌꿀이 지닌 효소

벌꿀이 지닌 효소에는 자당을 과당과 포도당으로 전화시키는 인베르타제, 전분을 호정과 맥아당으로 전화시키는 지아스타제, 인슐린을 과당으로 전화시키는 이눌라제, 과산화수소의 분해효소인 카탈라제 등의 효소를 갖고 있다.

벌꿀의 농도와 비중

벌꿀의 농도와 비중은 수분 함량과 밀접한 관계가 있으며 벌꿀의 수분 함량은 벌꿀의 숙성도를 뜻하므로 벌꿀의 우열을 평가하는 기초가 된다.

미숙꿀은 수분 함량이 높고 완숙꿀은 수분 함량이 낮다. 미숙꿀은 농도와 비중이 낮으며 저장 중 발효 또는 산패되지만 숙성꿀은 농도와 비중이 높고 저장 중 발효나 산패되지 않아 오랜 기간 저장이 가능하다.

숙성꿀의 비중은 1.42 이상이며 보매(baume) 비중 43° 이상이다. 일반적으로 단상양봉에서 생산된 벌꿀은 농도와 비중이 낮고 계상양봉에서 생산된 벌꿀은 농도와 비중이 높다.

벌꿀의 결정

벌꿀을 굳어지게 하는 것은 과당보다 포도당을 많이 함유하고 있을 때 일어나는 물리적인 현상이다. 결정은 외부온도에 따라 진행되는 현상이 달라지는데 17℃ 이하에서 결정이 쉽게 이루어진다. 이는 벌꿀의 종류, 저장온도, 과당과 포도당의 함량비 또는 포도당과 물의 하량비, 이물질의 유무, 가열 또는 교반여부 등 여러 가지 요인의 지배를 받는다.

유채꿀과 같이 포도당의 함량이 높고 과당의 함량이 낮은 벌꿀은 잘 굳어 결정물이 생기나 아카시아꿀 같이 포도당의 함량이 낮고 과당의 함량이 높은 벌꿀은 잘 굳지 않는다.

벌꿀이 굳는 현상은 물리적인 변화이기 때문에 품질과는 아무런 관계가 없으나 상품가치가 저하되므로 벌꿀이 굳는 것은 바람직하지 않다.

- 일년생풀(유채 등)에서 생산되는 꿀은 빨리 결정되고 나무(아카시아 등)에서 생산되는 꿀은 결정이 잘 되지 않는다.
- 꿀은 뜨거운 물에 잘 녹기 때문에 결정꿀이 못마땅하거나 불필요하면 데운 물에 병째로 넣어 중탕을 하면 된다.

벌꿀의 품질관리

벌꿀의 품질은 밀원의 종류, 벌꿀의 생산방법, 양봉의 형태, 저장조건 등 여러 가지 요인의 영향을 받는다. 벌꿀은 흡습이 심하여 자칫하면 변질되어 품질이 저하되기 쉽다.

벌꿀의 흡습 정도는 당의 조성, 수분 함량과 외기의 상대습도와 밀접한 관계가 있는데 벌꿀의 수분 17.4%에서는 상대습도 58%, 수분 21.5%에서는 상대습도 60%에서 평형을 이루지만 이들의 평형관계가 어긋나면 흡습 또는 방습하여 품질의 변화를 가져온다.

벌꿀의 점도는 낮은 온도에서 높아지는데 이는 가온에 의하여 점도를 낮출 수 있으며 가열하면 색상이나 향기의 변화를 초래하여 품질의 변화를 가져온다. 또한 오래 저장하면 색상과 향기 또는 맛의 변화로 품질을 저하시키는 예도 있다.

벌꿀은 결정여부에 따라 품질에 변화를 가져오는 일이 있는데 벌꿀이 결정되는 요인은 여러 가지 원인이 있으나 그들 중 포도당과 수분의 함량비와도 관계가 있다. 포도당과 수분의 함량비(포도당 1몰)가 1.70 이하에서는 잘 결정되지 않으나 2.10 이상에서는 잘 굳어 결정한다.

　벌꿀의 결정은 저장 온도와도 관계가 있어 낮은 온도에 저장할수록 잘 결정되며 또한 미세한 당의 결정물이 있다든지 화분립이 있다든지 이물질이 있으면 벌꿀의 결정을 촉진한다.

　결정된 벌꿀은 가온에 의해서 녹일 수 있는데 60~65℃ 범위 내에서 30분간 가온해야 색상이나 향기의 변화를 막아 원래의 품질을 유지할 수 있다.

벌꿀의 구입

　벌꿀에 관해 우리 국민들은 별로 좋지 않은 기억들을 갖고 있다. 하지만 요즘 양봉에 매진하고 있는 양봉가들은 신뢰를 회복하기 위해 노력을 경주할 뿐만 아니라 늘 연구하는 자세로 우리 땅에서 나는 우리 농산물을 최고의 품질로 공급하기 위해 최선을 다하고 있다.

　진짜 꿀을 선별하는 방법으로 꿀을 태워 보거나, 찬물에 흔들어 보고, 떨어뜨려 보는 방법 등이 알려져 있는데 이는 속설에 불과하다. 벌꿀의 진위 여부는 화학적 분석으로만 가능하기 때문에 이러한 속설에 속지 말 것을 당부하고 싶다.

따라서 이웃에 있는 믿을 만한 양봉가를 단골로 정해 놓고 구입하는 것이 가장 안전하고 현명한 구입방법이다.

벌꿀의 용법과 용량

벌꿀은 약이 아니다. 약이 될 수도 있지만 다른 치료제의 보조식품이며 가장 이상적인 최상의 건강식품이 바로 벌꿀이다. 벌꿀의 섭취는 성인 1인당 하루에 25~30g(식사용 1순가락) 정도가 적당하며, 어린이나 유아에게는 5~10g 정도가 적당하다.

또한 복용자의 능력에 따라 1일 권장량에서 양과 회수를 조절하여 먹도록 한다.

벌꿀은 우유나 차, 음료에 녹여서 섭취하되 물을 너무 뜨겁게 하면 유익한 효소들이 파괴되기 때문에 끓인 물을 조금 식히거나 미지근한 물에 타서 먹는 것을 권장한다. 그리고 치료용으로 벌꿀을 복용해야 한다면 규칙적이고 지속적으로 먹는 것이 중요한 포인트라는 점을 명

심하는 게 좋다.

무엇보다 벌꿀의 가장 큰 효과를 얻으려면 매일 먹는 설탕을 벌꿀로 바꾸는 것이 최상이다.

벌꿀을 이용한 음식

추위를 타는 사람에게 잘 듣는 약은 없다. 해결할 수 있는 것은 오직 벌꿀뿐이다. 매 식사마다 한 숟갈씩 꾸준히 복용하면 틀림없이 내한성이 길러진다. 벌꿀은 당신이 필요로 하는 에너지를 빨리 보충해 주고 피로도 느끼지 않게 해준다. 몸이 약해지거나 피곤하면 추위를 더 탄다. 세계 최초로 세계의 지붕이라 일컫는 히말라야 산맥의 에베레스트 정상에 오른 에드먼드 힐러리 경(Sir Hillaey, Edmund Percival, 1919~2007)은 뉴질랜드 양봉가이다. 그가 1953년 영국의 헌트(Hunt, J) 탐험대에 참가하여 에베레스트 정복에 성공했을 때 벌꿀을 갖고 갔다는 것은 너무나 잘 알려져 있는 사실이다.

인류 최초로 세계 최고봉 등정 성공을 엘리자베스 여왕의 대관식 선물로 바쳤던 그는 여왕으로부터 작위를 받기도 했다. 그가 에베레스트를 오를 때 벌꿀을 지니고 간 것은 벌꿀이 내한성을 길러주는 식품이고, 피로회복에 더 이상 견줄 수 없는 완전식품이기 때문이다.

추위를 많이 타 겨울철만 되면 기를 펴지 못하는 사람은 지금 당장 꿀을 먹어보면 그 효과를 체험할 수 있을 것이다.

벌꿀을 이용한 음식으로 우리 선조들은, 특히 궁중에서 만든 요리 가운데 화채류, 육류, 강정, 다식 등에 벌꿀을 다양하게 사용해 왔다. 버터 대신에 벌꿀을 이용하면 부드럽고 촉촉한 느낌의 달콤한 빵을 즐길 수 있다.

- **인삼(人蔘)재우기** : 벌꿀과 인삼을 함께 복용하고자 할 때에 건삼과 수삼을 구분하여 재워야 한다. 수삼은 잘 씻어 2~3일정도 건조시킨 다음 잘게 썰어 재워야 한다. 벌꿀은 혼입한 인삼 (특히 수삼)은 되도록 짧은 시일 내에 먹도록 하고 필요한 만큼씩 만드는 게 좋다. 여름철에 입맛을 잃은 사람들이 많이 복용한다.

- **호박중탕** : 옛날부터 출산 후 산모의 부기를 빼는

데 특효약으로 사용되었다. 늙은 호박을 비우고 그 속에 벌꿀을 절반 정도 채운 후 중탕을 한 것으로 비만 방지, 신장 때문에 몸이 잘 붓는 사람에게 좋다.

• **딸기잼** : 벌꿀을 싫어하는 어린이에게 벌꿀을 많이 먹일 수 있는 방법으로 식빵 등에 벌꿀 딸기잼을 발라 먹는 방법이 좋다. 딸기잼을 만들 때 설탕 대신 벌꿀을 사용하면 잼이 조금 묽어진다. 이때에는 녹말가루, 또는 한천 등을 사용하면 맛에 영향을 주지 않으면서 시중의 잼과 같이 만들 수 있다.

• **꿀불고기, 꿀고추장** : 꿀을 사용하여 고기를 재면 놀라울 만큼 육질이 연하고 맛이 좋다. 양봉인들은 불고기를 만들거나 고추장을 만들 때 꿀을 사용해 왔다. 그러나 일반 가정에서 설탕 대신 벌꿀을 식품마다 사용한다는 것이 쉬운 일은 아니기 때문에 고추장과 같은 식품에 벌꿀을 사용하면 가족 건강을 위해서 큰 도움이 될 것이다.

벌꿀에 관한 Q & A

문_ 당뇨환자로 벌꿀이 당뇨환자에게 천연당(天然糖)으로서 안전한 음용물이 될 수 있는가?

답_ 벌꿀은 당분(糖分)을 함유하고 있어서, 당뇨환자들은 적은 양만을 사용해야 합니다. 인슐린 주사를 맞을 필요가 있을 정도로 혈당(血糖)수치가 극히 높은 경우에는 특히 조금만 먹어야 합니다. 벌꿀은 과당(果糖)과 포도당(葡萄糖)을 포함하고 있는데, 이 단당체들은 이미 소화되기 쉽게(체내에서 더 이상 분해될 필요가 없는) 되어 있습니다.

설탕(雪糖)과 꽃꿀은 자당(蔗糖)으로 다당체인데 이 당분(糖分)들의 소화에는 효소의 도움이 필요합니다. 그래서 인체에서 소화되려면 단당체보다 다소 어렵습니다.

포도당(葡萄糖)은 두뇌활동에 직접 사용되고, 체내에서는 에너지로 사용됩니다. 그리고 당뇨인에게는 혈당을 올려주고 혈당에 의한 문제를 야기 시킵니다.

과당(果糖)은 과일에서 자연적으로 생성되는 것으로 발견되었습니다. 과당(果糖)은 어떤 경우에 적당량의 다른 탄수화물(炭水化物)들과 함께 (체내에서) 소모되어질 수 있습니다. 당뇨환자는 탄수화물을 섭취하기 전과 후의 혈당 검사 결과치에 따라 벌꿀을 어느 정도 먹을 수 있는지 알 수 있을 겁니다.

* 국내에서는 벌꿀 선전 시 당뇨환자에게 꿀을 먹어도 이상 없다고 하는 경우가 많습니다만 정확한 수치를 확인하고 환자에게 꿀을 권하는 게 좋습니다.

문_　토종꿀과 양봉꿀의 차이는?

답_　토종꿀은 재래종 꿀벌인 토종벌의 꿀로 첫서리가 내린 후 1년에 단 한차례 채밀합니다. 토종꿀의 진미를 높이 사는 까닭은 봄부터 가을까지 철따라 피는 백화천초의 진수를 따 모은 사철의 꿀을 벌 스스로의 힘으로 1년 내내 성숙시킨 꿀이며, 로열젤리와 화분이 꿀 속에 함께 함축되어 있기 때문입니다. 토종벌은 양봉보다 크기가 작고 약하여 벌꿀 생산량이 적으며 등의 색깔이 검정색입니다.

양봉꿀은 서양에서 건너와 주로 이동하면서 꿀을 따는 꿀벌인 양봉에 의한 것입니다. 양봉은 꽃철마다(유채, 아카시아, 싸리, 밤꽃 등) 꿀을 따므로 연간 5～6회 채밀하며 한 가지 꽃에서 단기간에 꿀을 따면서 로열젤리와 화분을 별도 채취하여 채밀하는 꿀입니다. 양봉은 토종벌보다 크기가 크고 강하여 벌꿀 생산량이 많으며 등 색깔이 황금색입니다.

문_ 벌꿀을 섭취하면 몸에 어떤 영향을 주는가?

답_ 벌꿀의 주성분은 당질로서 70~80%이며 그중 과당이 36~38%, 포도당은 34~36%, 자당은 2~3%로 되어 있습니다. 그리고 미량의 단백질과 무기질, 비타민들과 개미산, 젖산, 사과산을 함유하고 여러 가지 효소를 가지고 있는 알칼리성 식품입니다. 일반 당류와 다른 점은 더 이상 분해할 필요가 없이 소화 흡수가 빠른 성질을 가지고 있다는 것입니다. 이 때문에 장에 부담을 주지 않고 흡수된 전화당은 에너지가 되므로 피로 회복에 좋습니다. 또 모유 속에 포함되어 있는 비피더스균을 번식시키는 작용이 있어 유아의 영양분으로도 적합합니다.

문_ 꿀이 결정되는 것은 왜 그런가?

답_ 벌꿀은 꽃의 종류에 따라 맛과 향, 색이 다르듯이 전화당으로 구성된 당의 조성(과당과 포도당)이 밀원

(꽃)에 따라 비율이 다르게 됩니다. 벌꿀을 굳어지게 하는 것은 과당보다 포도당이 많을 때 일어나는 물리적인 현상입니다. 결정이 되었다 해서 벌꿀의 품질이 변화된 것은 절대 아닙니다.

외부온도가 15℃ 이하가 될 때, 포도당이 과당보다 많이 함유된 벌꿀일 때, 화분 등의 혼입이 많을 때 결정이 잘 이루어지며, 일년생풀(초본류)에서 많은 꿀을 얻는 벌꿀들이 주로 잘 굳어지는 현상을 보입니다. 굳어진 꿀을 원상태로 하려면 45℃ 정도의 중탕에 굳어진 꿀병을 넣어 저어주면 서서히 용해됩니다.

문_ 진짜 꿀의 감별법은 무엇인가?

답_ 벌꿀의 진짜, 가짜 여부를 "물리적인 방법으로 떨어뜨려 본다", "태워본다", "찬물에 넣어 흔들어 본다"라고 말하는 사람들이 있는데 한마디로 이 방법으로는 알 수 없습니다. 떨어지는 모양은 꿀의 농도(자연에서 얻어지는 꿀이기 때문에 꽃의 종류, 온도, 계절 등에 따라 농도가 다르다)에 따라 다르기 때문에 감별이 어렵고, 태워본다는 것도 고당류를 가진 식품, 즉 진한 설탕, 물엿, 과당 등도 농도에 따라 차이가 있겠지만 벌꿀과

45

같이 파란 불을 내며 잘 타기 때문입니다. 또한 찬물 속에 넣어 흔들어 볼 때 육각형 모양이 나와야 한다는 것은 전혀 근거가 없는 것이며, 농도가 진한 물엿, 과당에서도 이와 같은 현상이 생기므로 믿을 수 없는 방법입니다. 따라서 전문가에게 의뢰하여 구입하는 것이 가장 좋은 방법입니다.

문_ 벌꿀에서 이상한 냄새가 나는데 왜 그런가?

답_ 꿀을 생산하는 농장 주변의 꽃의 종류에 따라 독특한 향기를 갖게 되는데 같은 양봉꿀 중에서도 아카시아꿀은 향기가 좋지만, 밤꿀은 약간 강한 향기를 가지고 있습니다. 보통 일반인들은 유통되고 있는 거의 대부분의 꿀인 아카시아꿀을 많이 먹어 보았기 때문에 아카시아꿀보다 색깔이 진하고 향기가 진한 토종꿀을 접하면 당황하는 경우가 많습니다.

토종꿀은 깊은 산 속에서 1년 내내 모아 저장한 꿀이기 때문에 꿀 농장 주변의 밀원에 따라 한약 냄새 비슷한 냄새가 나는 경우가 많고, 또한 토종꿀을 딸 때 꿀벌들을 쫓아내기 위해 연기를 쏘이는데 이 연기 냄새가 꿀에 배어서 연기 냄새가 나는 경우도 있습니다. 또한 늦

가을에 숙성되고 건조된 꿀을 따야 하는데 너무 일찍 수확하여 수분 함량이 많은 경우나, 꿀 속에 다른 것(수삼 등)을 넣어 수분 함량이 많아진 경우에 발효되어서 냄새가 나는 경우도 있습니다.

문_ 꿀은 어떻게 보관하는 것이 좋은가?

답_ 꿀의 보관은 상온의 서늘한 곳에 두면 됩니다. 경우에 따라 낮은 온도에서 결정되는 경우가 있는데 그대로 사용하거나 미지근한 물에 녹여 사용하면 됩니다. 벌집째 있는 꿀은 장기간 보관시 벌레 등이 생길 수 있으므로 가능하면 빨리 드시거나 내려서 보관하시면 됩니다.

문_ 아기가 먹어도 되는가?

답_ 두세 살의 아이는 아직 어리기 때문에 많은 양은 안 되고 우유나 미숫가루 등에 타서 조금씩 먹이면 발육에 도움을 준다고 합니다. 옛날에는 가정에서 상비약으로 항상 준비하고 있다가 어린아이들에게 자주 오는 복통과 설사에 아주 요긴하게 사용되었고 어른들이 배가 아플 때도 아주 좋습니다.

문_ 벌집째로 있는 토종꿀은 어떻게 먹어야 하는가?

답_ 벌집째로 숟가락(나무나 도자기, 유리 제품 등)으로 떠서 드시면 됩니다. 이때 입안에 남는 찌꺼기는 밀랍이기 때문에 버리면 됩니다. 입안에 남는 찌꺼기가 거북하여 불편하시면 꿀을 내려서 드시면 되는데 꿀을 내리는 법은 벌집의 꿀을 긁어내어 가는 구멍이 뚫린 그릇에 담아 따뜻한 곳에 두면 흘러내리며 전기밥통에 뚜껑을 덮지 않고 두면 쉽게 꿀을 내릴 수 있습니다.

주의할 점은 꿀은 효소를 지닌 살아 있는 식품이므로 높은 열(60도 이상)을 오랫동안 가하면 색, 맛, 영양소 등이 파괴될 수 있습니다.

문_ 벌집을 다려 먹어도 되는가?

답_ 벌집을 다려 먹어도 별탈은 없는 걸로 알려져 있습니다. 효과가 있다는 분들도 있고, 또 술을 담가 드시는 분도 있습니다.

문_ 꿀 속에 수삼을 넣어 두었더니 꿀맛이 변했는데 이유는 무엇인가?

답_ 벌꿀의 성분 중 과당은 외부로부터 수분을 흡수하는 성질(삼투현상)을 가지고 있습니다. 이러한 벌꿀에 수삼을 담가두면 수삼 속의 수분이 벌꿀에 빨아들여져 벌꿀의 수분량이 증가하게 되고, 상온에서 오래 보관하다 보면 벌꿀이 가진 효소 성분이 변질속도를 가속화 시켜서 아무리 좋은 벌꿀이라 할지라도 맛이 변할 수밖에 없습니다. 또한 순수한 꿀에 수분이 첨가되면 부패할 수 있습니다. 수삼을 담근 벌꿀은 냉장 보관하여 가능하면 빠른 시일 내에 먹는 것이 좋습니다.

문_ 벌꿀은 어떻게 먹는 것이 좋은가?

답_ 벌꿀은 대부분 과당과 포도당으로 구성되어 있으며 이외에 다양한 유기산과 미네랄(칼슘, 철, 인 등), 비타민 등을 함유하고 있는 아주 좋은 천연식품으로 먹는 방법에 특별한 것이 있는 것은 아닙니다. 사람에 따라 다소 차이는 있겠지만 그대로 먹으면 위장에 부담을 주므로 다른 식품과 혼합해서 먹는 것이 좋은 방법이라 할 수 있습니다. 다음은 널리 애용되는 방법들입니다.

- 아침 공복에 더운 꿀물을 타서 마시는 게 좋습니다.
- 우유에 꿀을 타서 마셔도 좋습니다.

- 식빵에 쨈 대신 꿀을 발라 먹어도 좋습니다.
- 술을 마신 후 찬물에 꿀을 타서 마시면 숙취에 좋습니다.
- 꿀은 피로회복에 효과가 있으며 여성들의 피부 마사지용으로 많이 애용됩니다.
- 꿀은 알칼리성 식품으로 어린이, 임산부, 노약자 등의 건강 증진에 효과가 좋습니다.

화분
Pollen[*]

천연의 완전 영양 식품
화분

　화분이란 벌들이 꽃에서 꽃꿀을 수집하면서 수술의 꽃가루 주머니에 있는 미세한 입자들을 꿀과 타액(침)을 섞어 큰 입자를 만들어 모아들인 것으로, 벌들의 생장에 필수적으로 필요한 영양을 함유하고 있다.

　화분은 그리스 의사 히포크라테스도 의학적 치료에 이용했다고 기록한 만큼 유럽이나 미국에서는 오래전부터 건강식품으로 애용되고 있는 천연식품이다. 화분, 즉 폴렌은 꿀벌의 먹이로서 영양가가 아주 높아서 유럽에서는 완전식품으로 불리는데 화분의 작은 입자 속에 모든 영양소가 골고루 들어 있기 때문이다.

일상생활에서 흔히 쓰는 스테미너(stamina)라는 말은 라틴어로 꽃가루(화분)를 의미하는 스타맨(stamen)에서 유래된 말이다. 꿀벌은 화분에 의하여 생명을 유지하고 있으며, 꿀과 로열젤리도 화분에 의하여 생성된다.

벌이 만드는 화분(꽃가루, 폴렌)은 한때 인기가 많았지만 간편한 합성비타민제 열풍으로 열기가 시들해졌다. 하지만 지금은 미국 영국 등 선진국에서는 합성비타민을 멀리하고 천연제품으로 되돌아가려는 열풍이 거세며 우리나라도 그 영향을 받고 있다. 따라서 천연 성분이 함유된 비타민제를 많이 찾고 있는데 화분이 바로 벌이 만드는 천연 농산물로 각광받고 있다.

한 마리의 벌을 길러내기 위해서는 약 100mg의 화분이 필요하며, 꿀벌 한통을 유지하기 위해서는 연간 약 10~20kg의 화분이 필요할 정도로 꿀벌에게 화분은 매우 중요하다.

화분은 비타민 A, 비타민 B, 비타민 C, 비타민 P(루틴) 등 다양한 비타민은 물론 칼륨, 칼슘, 인, 구리, 마그네슘, 철, 규소, 망간, 유황 등 미네랄도 풍부해 천연 비타민으로 각광받고 있다.

화분(花粉, Pollen)이란 무엇인가

화분은 벌이 어린 벌에게 먹이기 위해서 다리에 묻혀 오는 꽃가루를 말한다. 화분 또는 꽃가루는 폴렌 (Pollen)이라 하고 식물의 꽃에서 꽃가루를 수집하여 꿀 벌의 어금니에서 분비한 파로틴과 타액을 섞은 입자를 화분단 또는 화분립이라고 한다. 1cc의 벌꿀 속에 화분 의 입자는 2천~60만 개로 200여 가지 성분이 섞여 있으 며, 인체에 필요한 16종의 미네랄 중 12종을 함유하고 있다. 타식품에 비해 비타민 C가 월등히 많으며 100g 중 섬유질이 4.9g 함유되어 있다.

화분은 부작용이 없는 완전한 무공해 천연식품으로서 소아비만, 유아빈혈에 뛰어난 효과가 있으며, 노인에게 는 활력을 불어넣어 주어 수명을 늘려준다. 여성에게는 빈혈을 방지하고 피부를 맑고 투명하게 유지 시켜줄 뿐 만 아니라 피부 노화 방지에 특히 효과가 있다고 알려져 있다. 또한 화분은 꿀보다 고단위 영양소(비타민이 50에 서 500배까지 많음)이다.

흑해 연안의 코카사스 산맥에 위치한 아브하쟈 공화 국은 세계최고의 장수촌이며 최고 장수자는 170세라고 알려져 있다. 이곳의 장수 비결은 바로 화분이다. 또한 성서에 '젖과 꿀이 흐르는 땅'이라고 나와 있는 구절에서 '꿀'은 히브리 원문에는 '벌통에서 생긴 물질'이라고 나와 있다고 한다. 이는 바로 화분을 일컫는 말이며, 다른 말로는 '만나'라고 알려져 있다.

화분은 벌 유충의 먹이로 벌집에서 나와 3~4일된 어린 벌이 먹을 때는 로열젤리를 만들어낸다. 그래서 화분은 로열젤리의 원료가 된다.

또한 화분은 아무리 많이 먹어도 인체에 부작용이 없다. 화분은 경작지에서 생산된 것보다는 미 경작지에서 생산된 것이 좋고, 들판보다는 산에서 생산된 것이 좋다. 또한 일년생 식물보다는 다년생 식물에서 생산된 것, 풍매화보다는 충매화가 약효가 좋다고 알려져 있다.

화분은 같은 식물에서 생산되었다 하더라도 기후와 풍토에 따라서 효력이 다르며, 사시사철 피는 꽃보다 긴 겨울을 이겨내고 개화한 꽃에서 채취한 화분이 가장 효능이 좋은 것으로 알려져 있다.

화분은 미용제, 정력제, 장수식품으로 널리 알려져 있는데 위장에 들어가는 즉시 미음처럼 풀어지고 2시간 후면 체내에 흡수된다. 화분은 꿀벌이 꽃가루(생식 세포)를 침과 꿀로 반죽하여 뒷다리에 뭉쳐서 벌집으로 가져오는 것으로 미네랄과 비타민은 물론 인체 필수 영양소가 빠짐없이 들어 있는 자연계 최고의 영양 덩어리라 부를 수 있다.

화분의 생산

화분의 생산 시기는 매년 4월말 경이 가장 많이 생산되고 3월말에서 8월까지 생산된다. 외역벌은 화분 수집을 위하여 1일 10여회 정도 활동을 한다.

화분 채취를 위해서는 벌통의 입구에 화분 채취기를 설치하는 게 좋다. 외역벌이 뒷다리 마디에 달고 오는 화분은 화분 채취기 구멍을 통과하면서 대부분 화분 채취기통에 담긴다. 이렇게 분리한 화분은 건조 과정을 거쳐 보관하거나 생화분으로 냉동실에 보관한다.

이처럼 화분은 인공적인 요소가 전혀 가미되지 않은 상태로 벌이 채취하는 것이기 때문에 천연제품으로 신뢰하고 먹을 수 있다.

꿀벌은 꽃에서 꿀을 수집할 때 한 번에 약 40mg의 꽃꿀과 25mg의 화분을 다리에 달고 돌아온다. 화분은 살아 있는 생명체로 단 2일 만에 2만 배 이상으로 확장할 수 있는 생식 세포로서 놀랍게도 41종의 필수 영양소를 고루 갖추고 있고, 자기 자신이 성장하는데 필요한 강한 생명력, 강한 살균력, 그리고 성장 물질로 이루어져 있어 사람이 섭취할 경우 각 세포에 생기와 활력을 준다.

화분의 성분과 특성

화분의 효능에 대한 신비는 아직까지 모두 밝혀진 것은 아니다. 알려진 바에 의하면 화분은 신진대사, 스테미너 증강, 신경통, 성인병 예방, 빈혈방지, 불면증 해소, 변비예방, 미용효과, 체질개선 등 여러 방면에 효과가 있는 것으로 나타났다.

꿀벌의 체중은 약 100mg 정도에 지나지 않는데, 앞에서 이야기한 바와 같이 한 번에 약 40mg의 꽃꿀과 25mg 정도의 화분을 달고 돌아온다. 따라서 한 통의 꿀벌이 1년간 모으는 화분의 양은 30~50kg 정도가 된다.

화분은 같은 꽃의 화분으로만 된 것이 아니라 여러 종

류의 화분 집합체라 할 수 있다. 화분립의 크기는 대략 직경 2㎜ 내외 정도이며, 한 개의 무게는 10∼25㎎으로 인체에 필요한 영양소를 거의 함유하고 있어서 완전식품에 가까운 우수한 천연 영양 식품이다.

화분의 성분 함량

- 수분 4%(건조화분), 수분 10∼12%(생화분)
- 탄수화물 35%
- 지방 5%
- 단백질 50%
- 수많은 비타민류 비타민 B1∼B12, 비타민 C, 비타민 D, 비타민 E
- 각종 무기물 칼슘, 철분, 염소, 마그네슘, 당간, 인, 칼륨, 규소
- 아밀라제, 인버타제, 포스파타제
- 루틴과 같은 모세혈관 강화 물질, 생장촉진 물질 등 아직도 밝혀지지 않은 여러 가지 물질이 있다.

화분의 성분

철분 : 인체의 산소 공급에 필수적인 철분이 다른 식품에 비해 2배 이상 들어 있다. 이는 쇠고기보다 7배나 많다.

고단백질 : 화분은 고단백질 식품으로 쇠고기보다 50%나 함유량이 높다.

고칼슘 : 화분은 칼슘도 풍부하여 우유보다 2배 이상 많다.

엽산 : 엽산은 전립선과 세포증식에 좋은 성분으로 화분에는 엽산이 풍부하여 남성의 전립선 치유에도 도움을 준다.

화분의 영양 구성 성분

- 단백질 40
- 비타민 B 복합제
- 비타민 D
- 카로틴
- 칼슘

- 비타민 A
- 비타민 C
- 아미노산
- 무기질
- 루틴

천연 건강식품 화분의 효능

영양 보급 및 스태미너 향상

옛날부터 미용 및 강장 식품으로 알려져 온 화분은 이집트의 클레오파트라 여왕도 피부 건강과 강장을 목적으로 섭취해 왔다고 전해지고 있다.

화분, 즉 폴렌에 함유된 루틴 성분은 혈관을 튼튼하게 해주고 모세혈관이 약해지는 것을 방지해 준다. 화분에 들어 있는 각종 영양소들이 대사 작용에 의하여 강장 작용을 하여 기력을 보충하여 주는 데 탁월하다.

생체 생리 기능 강화로 자연 치유력 향상

사람은 누구나 질병에 들 수도 있고 질병에서 벗어날 수도 있는 데 바로 자연 치유력 덕분이다. 편리함만을 추구하는 현대 산업사회의 특성으로 인해서 우리 주위는 유해화학물질이 범람하기 시작했으며 이로부터 온전히 건강을 지킨다는 것은 쉽지 않은 일이 되었다.

인간은 자연의 일부분으로 조화와 균형을 추구해야 한다는 고대 그리스 자연철학이 강조했듯이 자연의 가치를 인식하고 그것을 있는 그대로 보존하고 지켜갈 때

내 몸 안의 자연 치유력도 왕성하게 살아날 수 있다는 것을 명심해야 한다.

화분은 자연에서 온 천연제품으로 우리 몸의 기능을 강화하여 자연 치유력을 향상시키는 데 탁월하다.

피부 미용 건강

화분에는 비타민 B가 풍부하다. 비타민 B는 몸속에서 피부를 건강하게 해주는 성분으로 여드름이 있을 경우, 여드름 치료에 도움을 주고 피부 재생, 피부를 튼튼하게 해주는 등 건강한 피부에 도움을 주고 피부 노화를 예방하여 준다. 또한 혈액순환 스트레스 제거에도 도움을 주고, 신진대사 기능을 좋게 하여 준다.

신진대사

화분은 남성의 전립선 비대증, 전립선염 치료에 효과적이며, 화분에는 항빈혈 인자가 있어서 적혈구와 헤모글로빈이 증가하여 빈혈에도 도움을 준다.

식욕증진

화분은 어린이들에게는 식욕증진, 소화촉진을 도와

유아의 성장과 발육에 좋다.

치매나 노화의 지연 효과

치매나 노화는 현재 가장 활발하게 연구되고 있는 분야이다. 화분은 노화 속도를 느리게 하는 데 탁월하기 때문에 다음과 같은 효과가 있다.

1. 기억력을 강화시킨다.
2. 집중력을 향상시킨다.
3. 신체대사 속도를 활발하게 한다.
4. 모든 심혈관대사 관계를 강화한다.
5. 필요한 영양소 결핍 현상을 막는다.
6. 순환기계통을 강화시킨다.

화분을 꾸준히 섭취하면 평소 부족한 채소 과일 섭취를 대신할 수 있고, 노화를 지연하여 건강한 삶을 지킬 수 있다.

화분은 최고급 영양 공급원

현대인은 균형이 깨진 영양 섭취로 비만하면서도 영

양실조에 걸린 사람이 많다. 이는 우리 몸은 고른 영양을 섭취해야 한다는 사실을 모르고 무조건 탄수화물이나 지방을 억제하려 하기 때문에 생겨난 것으로 본인은 여러 가지 고통에 시달리게 된다. 그러나 화분은 미네랄과 비타민이 들어 있어 자연계의 천연식품 중 최고의 영양 덩어리이다. 따라서 수험생들의 체력 증진과 집중력을 높여준다.

만성피로 회복제

피로란 육체노동자나 정신노동자 할 것 없이 누구에게나 오는 지친 상태를 말한다. 이 상태가 조금씩 쌓여가다보면 만성 피로가 되고 우리 몸의 신진대사가 균형을 잃게 되며 건강에 적신호를 보내게 된다.

몸에 아무런 이상이 없는데도 과로가 겹쳐 온몸이 나른해지고 저려오며 세상이 온통 귀찮게만 느껴지는 증상, 주위가 산만해지고 정신 집중이 안 될 뿐만 아니라 얼빠진 사람처럼 축 늘어져 허탈 상태에 빠져 있고 밤에는 잡념으로 인하여 불면하게 되고 두통, 초조 등의 증세가 나타날 경우에는 화분을 1주일만 복용하면 효과를 볼 수 있다.

빈혈 치료제

살찌는 것이 두려워서 탄수화물을 피하고 지방을 섭취하지 않으면 몸의 건강과 균형을 유지시켜주는 비타민, 미네랄도 부족해져서 오히려 아름다움을 해치고 만다. 식사를 제대로 하지 못하는 데에는 여러 가지 이유가 있으나 바빠서 아침식사를 거르고 출근하는 직장인들이라면 화분을 우유나 벌꿀에 섞어서 마신다면 빈혈에 쓰러질 염려는 없다는 점을 다시 강조하고 싶다.

화분을 복용하면 아름다워진다

아름다워지기 위한 첫 번째 요건은 무엇보다 건강해지는 것이다. 건강한 젊음은 그것만으로도 아름다워 보이기 때문이다. 여성에게 빼놓을 수 없는 피부 미용의 적은 변비로 알려져 있다. 변비는 살결을 거칠게 하고 사람의 성질까지도 거칠게 만들며 언제나 불쾌감에 시달리게 한다. 화분을 복용하여 변비를 치료하는 것은 변비를 그냥 두고서는 아름다워지려는 목적을 절대 이룰 수가 없기 때문이다.

소화 기능을 촉진 시킨다

화분이 지니는 효과에는 변비를 치료하는 작용 외에 소화 기능을 촉진 시키는 작용도 한다. 소화 흡수를 돕고 고른 영양을 섭취하게 되면 화분 속의 각종 비타민과 무기질이 함께 작용하여 피부의 성장과 신진대사를 돕는 역할을 해주기 때문에 아름다워지지 않을 수 없는 것이다.

화분은 아무리 많이 먹어도 인체에 부작용이 없으며, 미용제, 정력제, 장수식품으로 널리 알려져 있다. 화분 속에 들어 있는 미네랄은 비타민과 같이 신체의 활동을 조절하는 귀중한 영양소이다. 체내에 비타민이나 미네랄이 부족하면 어느 정도 많이 먹어도 만족감을 느끼지 못하게 된다고 한다. 때문에 과식을 초래하게 되고 체내에 영양의 밸런스가 깨어져 당뇨병, 고혈압, 동맥경화 등의 성인병을 일으킨다.

영양 효과 : 화분은 영양 회복, 식욕 증진, 허약체의 체중 증가 및 적혈구 증가 작용이 있다.

정장 : 설사, 만성 변비 등에 유효하며 장내 이상 발효

에 의한 복통에 유효하다고 알려져 있다.

신경 장애 : 신경과민, 우울증에 유효하다.

동맥경화 : 뇌출혈, 방사선 장애 및 빈혈성 질병에 유효하며 특히 루틴은 모세혈관이 연약해지는 것을 막는다.

노인병 : 화분은 체내의 노폐물을 제거하는 작용이 있고 비타민과 아미노산이 풍부하여 노인병을 예방할 수 있다.

기타 : 동물 실험에 의하면 생식력이 왕성해지고 제암 효과가 있다.

암, 전신미용, 검은 살결, 고혈압, 애연가, 치질, 알레르기, 폐와 간장 질환, 천식, 소화불량, 화학약품 복용, 심장병, 화장독(기미, 주근깨), 임포텐스 회복, 거친 입술, 피로 회복, 과음, 비듬, 입덧, 세포 재생 촉진으로 수명 연장 효과, 기억력 회복(병후, 산후, 허약 체질), 빈혈, 위장병, 식중독, 변비, 전립선염, 뇌세포 활성화로 지능 향상, 각종 성인병 예방, 치유, 피부 미용 효과, 산모의 빈혈에 특효 등 화분은 인체가 필요로 하는 모든 성분의 영양소를 지니고 있는 천연 종합 영양제로 오랫동안 복용해도 부작용이나 해로움이 없다.

세포의 기능을 원활하게 하여 산화된 세포 등 활력을 주게 되므로 만성 전립선염, 당뇨병, 변비, 비만, 위궤양, 갱년기 장애, 허약 체질, 정력 강장 등 질병의 예방 및 치료에 탁월한 효과가 있다.

화분의 맛은 어떨까?

사람에 따라 화분의 맛을 느끼는 정도는 다르다. 어떤 사람은 향기가 좋고 맛있다고도 하지만, 비위가 약한 사람은 캡슐에 넣어 먹는 것도 하나의 방법이 될 수 있다.

음식과 함께 한 티스푼을 씹어서 먹는 것이 제일 좋지만, 화분 분말의 캡슐은 간편하고 편리하게 화분을 섭취할 수 있다.

화분의 장점

❶ 천연 비타민이라 불리며 비타민과 무기질이 풍부하다.
❷ 스트레스 감소와 집중력, 기억력에 좋다.

❸ 신체대사를 활발하게 해주기 때문에 칼로리를 연소시키는 것은 물론 섭취한 음식은 잘게 부셔서 활동에 필요한 에너지로 변환 시킨다. 또한 체지방을 태워서 체중을 감소시키고 식욕을 억제하기 때문에 다이어트에 좋다.

❹ 세포분열을 촉진하기 때문에 성장이나 재생에 굉장히 좋다.

❺ 피부미용, 기미, 잡티, 트러블 피부, 건조한 피부를 재생해서 건강하게 가꾸어 준다.

❻ 피부 노화를 지연시키고 폐경 증상과 생리 전 증후군이 심한 사람에게 도움을 준다.

❼ 여성의 생식기 건강을 유지시켜서 임신 확률을 높여 주고 유방암을 막아주는데 효과가 탁월하다.

❽ 허약체질, 정력 강장에 사용된다.

화분의 부작용

벌이나 꿀에 알러지가 있는 사람은 알러지 증상이 나타날 수 있기 때문에 주의를 기울이는 게 좋다. 대표적인 부작용으로는 가려움, 두통, 부어오름, 콧물 등이 있는데 심한 사람은 혈압이 떨어지면서 숨이 가빠지기도 한다. 따라서 무엇보다 자신의 신체 변화에 주의를 기울이면서 먹는 것이 좋으며, 욕심은 금물이다.

❶ 메스꺼움 – 하루나 몇 시간 후면 사라진다.

❷ 피부 알러지 – 붉어지거나 가려움이 생기지만 이내 사라진다.

❸ 천식환자 – 천식환자들에게는 추천하지 않는 게 좋다.

❹ 벌 알러지 – 벌로 만들어진 식품이기 때문에 로열젤리나 프로폴리스에 알러지가 있는 사람은 부작용이 일어날 수 있지만, 양을 조절하면서 적응시키면 이내 부작용이 사라진다.

화분의 섭취 방법

소량으로 우선 부작용 여부를 확인한 후 천천히 양을 늘려 준다. 그러다가 평균적으로 하루에 1~2스푼 정도

먹으면 좋다. 화분을 먹을 때는 물을 같이 섭취하는 게 좋다. 맛은 개인에 따라서 조금 특이하다고 느낄 수 있다. 처음에는 적은 양으로 시작하여 1주일 정도 적응기간이 지나면 큰 수저로 먹는다.

❶ 하루 2~3회 한 수저씩 입에 넣고 물과 함께 삼키거나 씹어서 물과 함께 삼키면 된다.

❷ 꿀에 섞어 보관해 놓고 숟가락으로 떠서 먹는다.

❸ 아카시아꿀에 꽃가루를 개어 냉장고에 보관했다가 물을 섞어 차처럼 마신다.

❹ 다른 어떤 식품과 같이 복용해도 부작용이 없다.

❺ 성인 1일 1~2회 복용하며 1회 복용시 1숟갈(12g) 복용한다.

❻ 어린이는 1일 1~2회 복용하며 1회 복용시 1찻숟갈(5g) 복용한다.

로열젤리*

Royal
Jelly

왕에게 바치는 음식
로열젤리

로열젤리는 영어로 'Royal Jelly'로 표현하며 '왕에게 바치는 음식'이란 뜻이다. 독일어로는 'Koiginmen-futtersaff'로 '여왕의 숲'이라고 한다. 로열젤리(王乳)는 여왕벌이 먹는 음식인데, 벌꿀과는 전혀 다른 것이다. 로열젤리는 꿀과 화분을 생후 10일된 일벌들이 소화 흡수한 뒤 인두부(咽頭部: 머리속)를 경유해서 만든 것으로 여왕벌의 먹이가 된다.

한 가지 우리가 상식적으로 알아야 할 것은 여왕벌은 태어나지 않고 만들어진다는 점이다. 이는 바로 로열젤리의 섭취가 여왕벌의 탄생 과정에 관한 열쇠가 된다.

로열젤리라는 특별 영양식 없이는 여왕벌로 성장할 수 없는 것이다.

로열젤리의 특징은 다음과 같다.

- 태어난 지 12일 이전의 어린 일벌의 인두선에서 생성된 물질이다.
- 색깔은 유백색으로 젖과 같으며 끈끈한 크림 모양으로 되어 있다.
- 여왕벌이 탄생되도록 하며, 3일 이내의 알과 여왕벌이 평생 먹는 물질이다.
- 꿀과 화분을 먹고 자란 것은 일벌이 되며 로열젤리를 먹고 자란 것은 여왕벌이 된다.

로열젤리란 무엇인가?

로열젤리는 일벌의 인두 아래의 샘에서 분비되는, 진하고 아주 영양이 풍부한 우윳빛 흰색의 크림 타입 액체이다. '왕에게 바치는 음식'이란 뜻의 로열젤리는 독일어로는 '여왕의 숲', 우리나라에서는 왕유(王乳)라고도

불린다.

로열젤리는 여왕벌이 먹는 음식인데, 벌꿀과는 전혀 다른 것이다. 로열젤리는 꿀과 화분을 생후 10일된 일벌들이 소화 흡수한 뒤 인두부(咽頭部: 머리속)를 경유해서 만든 것으로 여왕벌의 먹이가 된다. 여왕벌은 오로지 로열젤리만 먹고 살며, 이로 인해 여왕벌은 일벌보다는 엄청나게 크고, 장수하게 되는 것이다.

여왕벌은 일벌보다 평균 42% 더 크며, 몸무게는 평균 60% 더 무겁다. 놀랍게도 여왕벌은 일벌보다 40배나 더 오래 산다. 여왕벌은 7년을 사는 반면 일벌은 7주 밖에 살지 못하기 때문이다. 야생에서 여왕벌은 하루에 1,500개의 알을 낳는데 이는 자기 몸무게의 1.5배에 달하는 양이다.

로열젤리의 성분 함량

로열젤리는 매우 복잡한 생화학적 구조를 가지고 있다. 로열젤리는 매우 풍부한 단백질 공급원이며, 8가지 필수 아미노산, 중요한 지방산, 당분, 스테롤 및 아세틸콜린(혈압저하제)뿐만 아니라 인화합물도 함유하고 있다. 아세틸콜린은 세포와 세포 사이의 신경 전달에 있어 필수적이다. 이 화합물이 너무 적으면 알츠하이머병(치매)에 걸리기 쉽다. 로열젤리에는 면역체계를 자극하여 감염균을 퇴치하는 것으로 알려진 감마글로브린이 들어 있다.

스티브 쉬에처(Steve Schechter) 박사는 "로열젤리는 뛰어난 영양 공급원이며 조직에 부드럽게 작용한다."라고 말했다. 로열젤리는 비타민 A, B 복합체, C, D, 그리고 E를 포함하고 있다. 로열젤리는 특히 B1, B2, B6, B12, 비오틴, 엽산, 이노시톨이 들어 있는 비타민 B 복합 함유물로도 이용가치가 뛰어날 뿐만 아니라 스트레스를 해소하는 데 효과가 있다고 알려진 판토테닉산도 많이 들어 있다.

로열젤리에는 장수와 면역체계를 강화하고 노화와 스트레스를 감소시키는 펜토텐산, 머리카락의 성장과 몸에 활력을 주는 이노시톨, 피부 건강과 신경계통 및 소화기관을 돕는 나이신, 몸의 산도를 조절하는 리보플라빈, 세포조직에 관여하는 피리독신, 탄수화물을 에너지화 하는 티아민, 피부와 머리카락에 관여하는 바이오틴,

건강한 피를 만드는 폴릭산, 산화방지와 백혈구를 보호하는 비타민 E, 새로운 피를 생성시키는 B12, 병균의 침입과 희망찬 생각을 창출하는 비타민 A 등 16종류의 비타민이 함유되어 있다.

숙면을 취할 수 있도록 하는 18종의 아미노산 함유

로열젤리는 숙면을 취할 수 있게 하는 트립토판 등 18종류의 아미노산을 함유하고 있으며, 인체에 없어서는 안 될 각종 미네랄 16종과 포도당을 기점으로 한 탄수화물과 각종 효소 18종이 함유되어 있다. 이밖에도 현재 과학의 분석력으로도 제대로 분석하지 못하는 미지의 물질인 R물질이 있는 것을 알려지고 있다.

로열젤리의 효능과 효과

❶ 중년부부의 스테미너 증진과 특히 여성의 갱년기 장애 개선에 탁월하다.
❷ 강력한 항생, 항염작용제가 고루게 분포되어 있어 류머티스 관절염에 뛰어난 효과가 있다.

❸ 피부보호 비타민의 미용제가 함유되어 있어 촉촉한 피부를 만들어 준다.

❹ 검은 얼굴을 하얗게 하고 기미와 주름을 없애준다.

❺ 피로, 과로로 인한 긴장을 풀어준다.

❻ 세포 재생 작용을 하여 주름살을 없애주며 젊음을 가져다준다.

❼ 간세포 해독과 재생 작용으로 간장 기능을 강화시켜 준다.

❽ 신장과 장 기능을 조절하여 설사, 변비에 좋다.

❾ 심장과 뇌의 모세혈관을 강화시켜 준다.

❿ 임신부 복용시 태아의 뇌성장과 신체발육을 돕는다.

⓫ 혈류를 개선하는 물질이 다량 포함되어 있어 고혈압, 저혈압, 동맥경화, 만성신염 등에 좋다.

⓬ 긴장된 생활의 연속인 수험생에게는 맑고 산뜻한 기분을 갖게 하여 학습능률이 상승하며 운동선수, 직장인의 스트레스 해소에 좋다.

⓭ 콜레스테롤 저하와 강압, 강심작용으로 순환기 성인병 예방에 도움을 준다.

⓮ 수술 후 환자의 조기회복을 도와준다.

⓯ 인슐린 분비를 도와 당뇨병 환자에 적합하다.

❶ 흡수성이 좋은 단백질이기 때문에 B(+)형 간염에 좋다.

❷ 벌침과 함께하면 추간판을 싸고 있는 피막에 콜라겐 세포가 형성되어 혈류를 좋게 하므로 디스크(추간판헤르니아)에 좋다.

❸ 강한 살균력으로 피부 트러블을 방지한다.

❹ 영양음료, 건강음료, 아침식사 대용음료, 다이어트에 최적인 식품이다.

❺ 가려움과 탈피를 동반하는 아토피성 피부에 탁월하다.

❻ 잔뇨, 다뇨의 장기적인 전립선 개선에 효과적이다.

❼ 사십(오십)견으로 인하여 어깨가 아픈 분에게도 탁월한 효과를 발휘한다.

❽ 장기간의 두통과 편두통에도 효과적이다.

로열젤리의 성분과 특성

로열젤리의 산도(pH)는 약 4로써 약간 신맛이 난다. 왕대에서 채취한 후 상온에서는 변질하므로 급냉하여 냉동 보관하는 것이 필수이다.

로열젤리 성분의 주요 약리, 생리작용

주요 성분	주요 약리 작용	생리적 효능 작용
비타민 B1	탄수화물 대사 촉진, 신경계 기능 강화	심신피로, 전신권태증, 노이로제, 정신이탈, 신경쇠약증, 소화불량, 비유불량, 유종 등 특효
비타민 B2 비타민 B6 비타민 B12	간 기능 강화, 해독, 발육촉진, 단백질대사 및 분해성장촉진	장수, 피부조직강화, 호흡계 강화, 발육성장촉진, 악성빈혈증, 식욕증진, 항악성빈혈, 피부윤택강화
엽산	소화증진, 조혈촉진, 혈색호조	악성빈혈증, 소화불량증
니코틴산	세포조직, 신진대사 및 강화	보혈, 청혈, 기력증진, 피부윤기, 정력강화, 원기 회복, 영양 불량증
비오틴	성장발육촉진	노화방지
아세틸콜린	신경전도 및 신경보강	신경과로증, 신경성 소화불량증, 정신계보호, 말초혈관확장
아미노산	성장촉진, 모든 내장조직 대사 강화	단백질 급수촉진, 뇌하수체 자극성 호르몬 분비촉진
지방산	제암물질	모든 암이나 병 예방
판토테닌산	불로장수 작용	노화방지, 성장촉진
유파로진	생식선 부활, 호르몬 분비촉진	후기설명
비오프레리팅	형광물질	자외선 하에 청색 형광작용
프레리앙	형광물질	트리푸토판 중간대사작용

계속 ➡

주요 성분	주요 약리 작용	생리적 효능 작용
10하이드록스 2데센산	항균 제암	모든 암이나 병 치료 및 예방 (한국산이 세계 제일 함유)
아연	생식선 보강, 성호르몬 분비 촉진, 뇌하수체 자극	전립선 보강, 고환, 부고환 및 정속선 보강, 정력증강 회춘제
철	조혈증진	빈혈증
동	보혈보강	빈혈증
마그네슘	신경계의 안정	심장 및 근육 기능 향상
코발트	모든 영양과 활력증진	체력강화, 기력회복
칼슘	골과 치구성 촉진	연골증 치발육성장
포도당	모든 영양과 활력 증진	체력강화, 기력회복
과당	체내 노폐물 배설	이뇨 신장염 해독, 원기 회복
망간	생식선 보강	생식기 장해, 태아 발육불량
후레리칭	항균항종	피부 종기 습진에 특효
R물질	미지물질	세계과학계에서 R물질이라 명칭

로열젤리의 함유 물질

① 수분 : 66%

② 탄수화물 : 평균 14.5%

③ 지방질 : 평균 4.5%

④ 단백질 : 13%
⑤ 다량의 비타민
⑥ 미량의 무기물
⑦ 필수 아미노산 등

로열젤리에 관한 많은 분석이 이루어졌으나 아직도 밝혀지지 않는 매우 중요한 미지의 『R』 물질이 있을 정도로 로열젤리의 효능은 뛰어나다.

암세포의 성장을 억제하는 10-HDA 함유

특히 로열젤리에는 암세포의 성장을 억제하는 것으로 알려진 10-HDA(하이드록시 데센산: 로열젤리 진품의 평가 기준 물질임)가 상당량 포함되어 있으며, 항균력은 페니실린이나 테트라사이클린의 70% 수준이다. 로열젤리는 이러한 1백여 가지의 각종 성분들이 조합되어 서로 긴밀한 유대관계를 가지고 몸속에서 작용하여 참으로 경이로운 효과를 발휘하는 것이다.

우리가 로열젤리를 '신의 음식'이라고 표현하는 이유

도 여기에 있다. 그리고 미네랄, 칼슘, 구리, 철, 인, 칼륨, 규소, 황도 포함하고 있다.

젊음을 연장하고 피부 미용에 탁월

로열젤리는 젊음을 연장하고 피부 미용에 도움을 준다고 예부터 알려져 왔으며, 이 물질이 에너지를 증대시키고 불안과 불면증, 우울증, 기억력 감퇴를 완화시키며 면역체계까지 강화한다는 사실을 뒷받침하는 증거가 있다.

뉴욕 Valhalla의 연구가들에 의하면 로열젤리는 분비선을 자극하여 남성과 여성의 생식 기관을 정상화시켜 주는 복합적인 물질을 함유하고 있어, 이것이 자연 호르몬처럼 작용한다는 사실을 밝혀냈다. 다른 연구에서도 병아리, 돼지, 수탉들이 로열젤리를 먹은 후에는 더 크게 자라고 더 오래 살며, 생식력이 왕성해지고 성적으로 더욱 활발해짐을 보여주고 있다.

로열젤리에는 핵산, RNA 그리고 DNA도 풍부하다. 또한 로열젤리에는 콜라겐의 전신 중 하나인 젤라틴이 포함되어 있다. 콜라겐은 피부를 매끄럽고 젊어 보이게 하는 노화방지 물질이다.

로열젤리는 호르몬과 같은 성분이며, 벌꿀처럼 달지 않고 우윳빛을 띠고 혀끝을 찌르는 듯한 맛과 약간의 신맛, 매운맛 그리고 약간의 단맛을 느끼게 하는 필수 영양소의 집합체이다.

교황 바오로 12세의 로열젤리 투여로 세계적인 주목

로마 교황 바오로 12세가 고령으로 매우 위독하였을 때 주치의가 로열젤리를 처방하여 쾌차시켰다고 한다. 병에서 회복된 교황은 1958년 로마에서 개최된 세계양봉회의에 직접 참석하여 로열젤리의 체험담을 발표하고 효능을 높이 평가하며 양봉가에 대하여 깊은 감사의 뜻을 표했다. 이 사건 이후로 로열젤리는 세계적인 주목을 받게 되었고 붐이 일게 되었다.

1956년 서독에서 열린 제2회 국제 생물 유전 과학회에서 교황의 담당 주치의는 '실험 결과 이 강력한 영양

제는 인체의 성장을 도와주고 인체 내의 화학 과정에 좋은 영향을 미쳤으며 인간의 수명을 연장시키는 경이로운 힘을 지닌…' 이라고 발표하였다.

로열젤리는 실온에서는 부패가 빠르기 때문에 채취 즉시 -50℃에서 급냉동시킨 후 -18℃에서 보관하면 3년 이상 활성이 유지되는 경이로운 물질이다.

일평생 꿀벌이 입에서 뿜어주는 로열젤리만 먹고 산란만 하는 여왕벌에서 볼 수 있는 바와 같이 로열젤리는 인간의 생명을 연장하고 강력한 항암작용을 하는 것으로 알려진 10-HDA와 항생물질, 항염물질, 혈류개선제, 세포 재생제, 피부미용제 등 백여 가지의 물질이 포함되어 있다.

로열젤리의 생산

어린 일벌들이 인공 왕대에 여왕벌을 키우며 로열젤리를 채운다. 로열젤리 생산법은 일반 양봉가들도 생산하기 힘든 고도의 기술을 요한다.

새로운 여왕을 만들거나, 분봉을 위하여 여왕벌이 탄

생하는 방(왕대)에만 채취할 로열젤리가 있기 때문에, 이런 상황을 인위적으로 만든다.

이를 간단하게 서술하면 다음과 같다.

무왕군을 만들고 → 채유광에 이충을 하고 → 72시간 후 로열젤리를 가득 채우면 → 채유광을 벌통에서 꺼내어 → 로열젤리를 분리하여 저장한다.

로열젤리의 난치병 치료 효과

뇌졸중

뇌혈관 장애에서 뇌졸중(腦卒中)을 일으킨 환자는 후유증으로 언어장애, 혀의 운동부전, 우측의 팔 다리에 마비가 있고 다리에 운동 장애가 있다. 이런 환자에게 로얄제리를 4개월에 걸쳐 사용한 결과 언어장애와 팔다리의 마비증상이 없어졌다.

어떻게 이런 작용이 일어날 수 있는가? 뇌졸중 후의 후유증은 치료를 한다고 해도 수개월에 걸쳐서 조금씩 좋아지는 것이 보통이며, 대개는 어느 정도의 증상은 남게 되는 난치병이다.

자율신경은 인간 조직의 신진대사를 조절하는 갑상선, 부신피질, 생식선 등에 자극을 주어 몸의 신경 재생 작용을 돕는 것이다.

대체적으로 뇌졸중 후유증의 치료에 가장 좋은 방법으로 전기요법을 쓰고 있다. 개구리를 해부하여 근육에다 전류를 넣으면 근육이 움직이는 원리처럼 신경에 계속 자극을 주어 원상복귀를 바라는 방법이다. 그렇다면 로얄제리로 치료 효과를 보는 것은 결국 로얄제리가 전기 요법을 대신할 수 있고, 나아가 완전한 원상복구까지 가능하다는 데서 로얄제리의 신비는 더해가는 것이다.

당뇨병

당뇨병은 췌장에서 인슐린 분비가 순조롭지 못하기 때문에 생기는 병이다. 인슐린은 장에 들어온 음식물이 포도당으로 변하게 되고, 이 포도당을 분해하는 역할을 한다. 분해된 이 포도당은 온몸 구석구석까지 혈관을 통해 전달되어 세포를 살아 움직이게 한다. 만약 이 당을 공급받지 못하면 사람은 살 수 없게 된다.

그런데 이렇게 중요한 포도당을 분해하는 역할을 하는 인슐린이 충분하지 않다면 포도당은 몸속에서 그대로 남게 되어 혈액 속에서 쌓이게 된다. 그래서 혈당치가 증가하게 되는 것이다.

몸속에 혈당치가 많으면서도 필요한 만큼 제대로 공급받지 못하면 사람은 어떻게 되겠는가? 흔한 현상으로 백내장이라든가, 손발이 썩어 들어가고, 동맥경화, 간경화, 신장염이 유발된다.

당뇨병은 보통 대증요법으로 치유하지만 완전하게 치유되기 어려운 병이다. 대증요법이란 몸에 직접 인슐린 주사를 투여하거나 당이 적은 음식을 먹는 식이요법 정도에 그치며, 치료효과도 임시방편에 그치고 만다.

그런데 여러 임상 실습 결과 로얄제리가 이 당뇨병 치료에 아주 효과적인 것으로 밝혀지고 있다. 로얄제리는 호르몬을 지배하는 자율신경에 직접적인 영향을 끼치고 몸의 기능 회복을 도와주게 되는데, 인슐린도 그 중의 하나로 그 분비를 원활하게 촉진시켜 준다. 당뇨병의 원인인 인슐린 부족에 로얄제리보다 좋은 건 없다고 해도 지나친 말은 아니다.

노화방지

로얄제리의 임상 실험 중 학자들 사이에서 가장 중점

적으로 다루어졌던 것은 바로 노화방지로 알려져 있다. 노화가 방지된다는 것은 죽음을 두려워하는 인간에겐 꿈같은 얘기이다.

노화를 가장 중추적으로 담당하는 인체의 조직은 일반적으로 간뇌(間腦)로 알려져 있다. 이 간뇌 중에도 시상하부(視床下部)는 교감신경과 부교감신경 두 개의 자율신경의 중추에 해당한다. 이것이 여러 가지 내분비선이나 혈관 등의 작용을 조정하고, 통제하여 전신의 물질대사를 지배하고 있다. 또한 자극을 뇌하수체에 전하고 그 지배하에 있는 갑상선, 부신피질, 생식선에서 필요한 호르몬을 분비하게 하는 역할을 갖고 있다.

일본의 동북대학 의학부의 구도승사(九嶋勝司) 교수는 실험결과 로얄제리의 γ-아미노산이 간뇌 시상하부의 노화쇠퇴를 방지하는데 유효하다고 발표하였다.

로열젤리 보관 방법

로열젤리는 채취 즉시 냉동하여 냉동 운반, 운송되기 때문에 반드시 냉동 보관 해야 한다. 보관 시에는 플라스틱, 도자기, 유리 등으로 만들어진 용기 속에 넣고 보관한다. 주 용기에서 로열젤리를 일부 분할하여 복용하고 분할 용기와 주 용기는 모두 냉동실에 보관해야 한다. 도자기, 유리 등은 냉동 보관 시에 깨어질 경우가 있기 때문에 나무 또는 플라스틱 용기를 사용하는 것이 좋다. 또한 숟가락은 나무로 된 것이 가장 좋다.

로열젤리 복용 방법 및 혼용 방법

보관 시는 물론 음용 시 스텐이나 알루미늄 등의 금속 제품을 사용해서는 안 되고 반드시 나무, 플라스틱 또는 도자기로 만들어진 스푼을 사용하여야 한다.

로열젤리를 먹고 난 후에는 입안에 물을 머금고 조금씩 여러 차례 넘기는 것이 좋다. 로열젤리만을 음용할 때는 로열젤리 1g 정도를 아침식사 30분 전과 취침 전 1일 2회 음용한다.

로열젤리와 꿀을 혼용할 때는 생수 1컵에 로열젤리 0.5티스푼과 꿀 1티스푼을 혼합하여 음용한다.

로열젤리를 활용한 영양 음료 만들기

영양 음료 만들기

바나나 1/2 + 생로열젤리 1g + 꿀 1스푼 + 우유 2/3 컵 + 달걀노른자 1개 + 레몬즙 1스푼을 믹서에 갈아서 마신다.

숙취, 수면 부족을 위한 식전 음료 만들기

생로열젤리 2g + 감식초(사과초) 1스푼 + 꿀 1스푼 + 생수 2/3컵 + 얼음 적당량

건강 음료 만들기

생로열젤리 2g + 꿀 1.5스푼 + 레몬즙 2스푼 + 생수 3/4컵

아침식사 대용 음료 만들기

생로열젤리 2g + 꿀 2스푼 + 요구르트 1컵

로열젤리 복용 후 증상

① 로열젤리 복용 후에 일시적으로 잠이 오지 않을 경
   우가 있는데 이는 몸을 활성화시키기 때문에 일어
   나는 현상이다.
② 로열젤리 복용 후에 신진대사가 활발하여 얼굴이나
   몸 전체에서 미열을 느낄 수 있는데 이는 로열젤리
   의 양성적인 효능이다.
③ 로열젤리 복용 후에는 신진대사가 활발하여 소변의
   양이 많아진다.
④ 폐경기 여성의 경우에는 이상증상을 없애주며 조기
   폐경 기간도 수년 이상 늦추어 준다.
⑤ 폐경의 여성인 경우에는 월경이 재차 생기는 경우
   도 보고되고 있다.
⑥ 복용 후 월경의 주기가 빨라질 수도 있다.